かがくるBOOK

目次

第1章 ハロウィーンの吸血動物

- 第1話 吸血動物たちの定例会・・・・・・・・・・・・8
- 第2話 血のフェスティバル、ハロウィーンパーティー！・・・・・18
  - 生き生き観察レポート　カとガガンボの比較　　　28
- 第3話 吸血力捕獲大作戦・・・・・・・・・・・・30
  - コラム　カについて調べてみましょう。　　　39
- 第4話 クイズ大会の招待客・・・・・・・・・・・・40
  - コラム　ノミ、トコジラミ、シラミについて調べてみましょう。　49
  - いきもの探しゲーム　吸血動物を見つけ出せ！　　　50
- 第5話 吸血ダニの行方は!?・・・・・・・・・・・・52
  - コラム　ダニについて調べてみましょう。　　　57
- 第6話 エッグ博士、吸血鬼に変身!?・・・・・・・・・・・・62
  - パズル探しゲーム　写真の順番当てゲーム　　　74

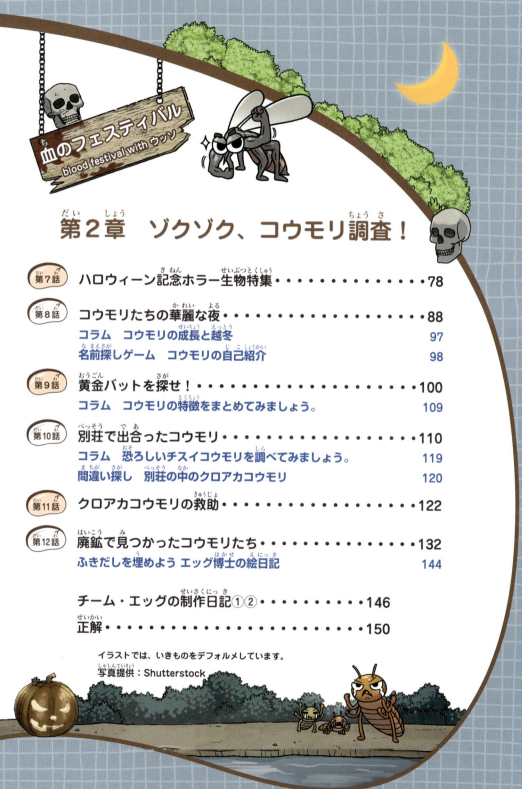

第2章 ゾクゾク、コウモリ調査！

- 第7話 ハロウィーン記念ホラー生物特集・・・・・・・・・78
- 第8話 コウモリたちの華麗な夜・・・・・・・・・・・88
  - コラム コウモリの成長と越冬　97
  - 名前探しゲーム コウモリの自己紹介　98
- 第9話 黄金バットを探せ！・・・・・・・・・・・・100
  - コラム コウモリの特徴をまとめてみましょう。　109
- 第10話 別荘で出合ったコウモリ・・・・・・・・・・110
  - コラム 恐ろしいチスイコウモリを調べてみましょう。　119
  - 間違い探し 別荘の中のクロアカコウモリ　120
- 第11話 クロアカコウモリの救助・・・・・・・・・・122
- 第12話 廃鉱で見つかったコウモリたち・・・・・・・・132
  - ふきだしを埋めよう エッグ博士の絵日記　144

- チーム・エッグの制作日記①②・・・・・・・146
- 正解・・・・・・・・・・・・・・・・・・150

イラストでは、いきものをデフォルメしています。
写真提供：Shutterstock

ヤン博士

- **誕生日** 1月1日（やぎ座）
- **血液型** AB型
- **今回のミッション**

  ① チスイビルを採集　② 吸血動物を調査

  ③ 洞窟探検の先頭に立つ

「このチスイビル、どこかで会ったかな!?」

ウン博士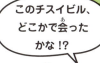

- **誕生日** 2月17日（みずがめ座）
- **血液型** A型
- **今回のミッション**

  ① カの採集　②「ウッソ」からの招待状の確認

  ③ コウモリに関するレポート作成

「かかってこい！カめ！」

第1章

ハロウィーンの吸血動物

他の動物にくっついて血を吸う動物を吸血動物といいます。
いろんな吸血動物に会ってみましょう。

第1話
吸血動物たちの定例会

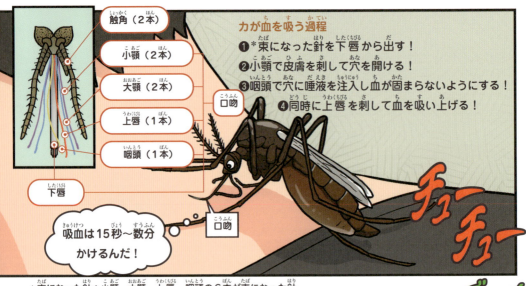

カとガガンボの比較

生き生き観察レポート

エッグ博士と一緒に観察レポートを自由に書いてみましょう。

カ
・体長：約5.5mm
　　　（アカイエカの場合）
・特徴：夜行性のいきもの。

カはカ科の昆虫だよ。
主に花の蜜などを吸うけど、産卵期の
メスは動物の血を吸うんだ。

カ観察レポート

わかったこと：
_____
_____
_____

気になったこと：
_____
_____

第3話 吸血カ捕獲大作戦

☆集中探求☆
カは長く飛べないので、家の中では、壁や天井にくっついて休んでいます。家の外では、林や草むらなどで休んでいます。

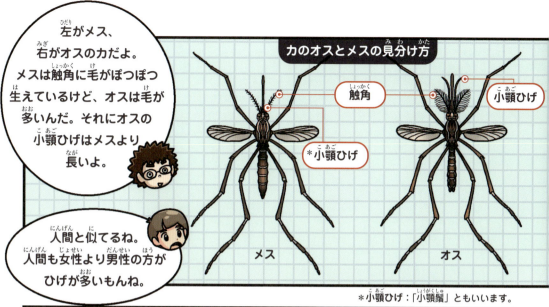

エッグ博士が教える カよけ芳香剤モビールづくり

❶ 耐熱カップ、シナモンスティックなどを用意する。

❷ 石けんベース（石けん素地）を耐熱カップに入れ電子レンジで溶かす。

❸ 溶けた石けんベースにアロマオイルを入れて混ぜる。

❹ 石けんの型に石けんベースを入れて完全に固める。

❺ 固まった石けんとシナモンスティックをひもでつないでぶら下げる。

❻ 完成したモビールを家の中のあちこちにつるしておく。

力について調べてみましょう。

メスの力は、産卵に必要なたんぱく質を得るために人や動物の血を吸います。そして、水の上にいくつもの卵を産みます。力が卵から成長していく過程を見ていきましょう。

力の一生

1. 卵
メスの力が水の上に産卵します。

2. 幼虫
1～2日後、卵から「ボウフラ」と呼ばれる幼虫が出てきます。

3. さなぎ（オニボウフラ）
7～10日後、脱皮を経てボウフラがさなぎになります。

4. 成虫
2～3日後、さなぎから成虫になります。

力の強い生命力

力は世界に約3500種が生息しています。メスの成虫は20～40日生きることができ、一度に100～200個の卵を産みます。さらには近年、地球温暖化によって気温が高くなったことで、力の活動する期間が長くなっています。

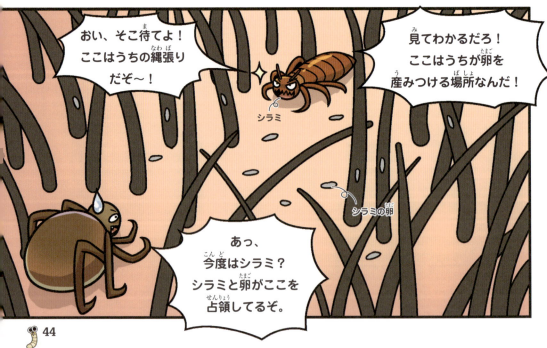

ノミ、トコジラミ、シラミについて調べてみましょう。

ノミ、トコジラミ、シラミはどれもはねのない昆虫で、人や動物の皮膚や毛にくっついて血を吸います。

	ノミ	トコジラミ	シラミ
いきもの			
すみか	畳やカーペットのすき間など。	壁やベッドのすき間など。	人の髪の毛や体毛の中など。
外見	体長は1～3mmで、長い後ろあしを使って高く飛ぶことができる。	体長は5～8mmで、茶色の平たい卵形。	体長は1～4mmで、あしに突起があって毛を上手につかむ。
特徴	ジャンプが得意で、自分の体の100倍以上の高さまで飛ぶことができる。	刺されるとかゆいだけでなく、発熱することもある。	人の頭に寄生するアタマジラミのメスは卵を髪の毛の間に産みつける。
吸血の特徴	あちこち移りながらどこでもかむ。	夜行性で、夜に人や動物の血を吸う。	アタマジラミは人の頭皮の血を吸う。
うつす病気	ペストや発疹熱などをうつす。	感染症はうつさないが皮膚炎を引き起こす。	発疹チフスなどをうつす。

吸血動物を見つけ出せ！

夜遅く、森の中にさまざまないきものが集まっています。この中から、あちこちに隠れている吸血動物7匹を見つけてみよう。

ヒント ノミ、カ、ヤマビル、チスイビル、ダニ、シラミ

正解：150ページ

吸血ダニの行方は!?

ダニについて調べてみましょう。

ダニはクモ綱ダニ目に属する節足動物で、体長1mm以下の種が多く、大きくても体長10mmくらいの小さな虫です。体は昆虫と違って、頭部・胸部・腹部の区別がなく、成虫は4対8本のあしがあります。

マダニと小型のダニ

世界には4万種を超えるダニがいるといわれています。日本に生息する主なダニには、屋外にいる大型のマダニと、屋内にいるヒョウヒダニ（チリダニ）、ツメダニなどがいます。マダニは、ライム病、重症熱性血小板減少症候群（SFTS）などの感染症（→66ページ）を人にうつすことがあります。ヒョウヒダニはアレルギーの原因になります。

マダニ

小型のダニ

農作物や植物に寄生するものも多い。

重症熱性血小板減少症候群は致死率が10〜30％にもなる怖い病気なんだ。

ダニの種類

ヒョウヒダニ

布団などの寝具に生息するダニで、チリのように小さくチリダニとも呼ばれます。アレルギーやぜん息を引き起こします。

ツツガムシ

山林や草地などに生息し、野ネズミや人に寄生して吸血します。「ツツガムシ病」をうつすことがあります。

フタトゲチマダニ

マダニの仲間で、「殺人ダニ」とも呼ばれます。ほ乳類の血を吸い、死亡率が高い重症熱性血小板減少症候群をうつすことがあります。

57

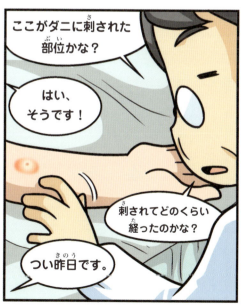

野外活動時の心がけ

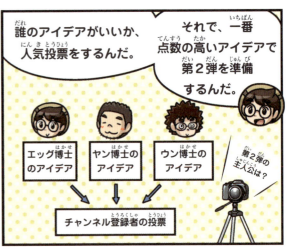

写真の順番当てゲーム

ホラー生物特集をがんばって用意している、3人の博士たちの写真が、下のようにバラバラになってしまいました。左ページの元の写真をよく見て、上から順番に合うよう、空欄に数字を書きましょう。

正解：150ページ

第2章

ゾクゾク、コウモリ調査！

ほ乳類コウモリ目（翼手目）に属するコウモリは世界中に広く分布しています。
鳥のように飛び回るコウモリのことを一緒に調べてみましょう！

コウモリの体のつくり

翼
コウモリの翼は長い前足の指の間の皮膚が伸びてできたものです。薄くて丈夫な膜で、この膜を「飛膜」といいます。

前足の親指

前足の指

飛膜

耳
視力がよくない代わりに聴覚が発達しています。

目
暗闇で生活するコウモリは視力がよくありませんが、まったく見えないわけではありません。

鼻
コウモリの種類によって形はさまざまです。

後ろ足
後ろ足のつめでいろいろな所にぶら下がることができます。

ネズミのような顔なのに翼があるなんて不思議だね。

ガブッ

果物を主食にするフルーツコウモリもいるよ。

僕らは主に飛び回る昆虫を捕食するんだ！

☆集中探求☆
コウモリの多くは、超音波を利用して物体の位置や大きさを知る「エコーロケーション」という能力を使っています。超音波はコミュニケーションの手段にも使います。

☆集中探求☆
ガなどの昆虫は、コウモリが放つ超音波に気づき、逃げることがあります。

☆本の感想、ファンクラブ通信への投稿など、好きなことを書いてね！

ご感想を広告、書籍のPRに使用させていただいてもよろしいでしょうか？
1. 実名で可　　　2. 匿名で可　　　3. 不可

郵便はがき

ここに切手を貼ってね！

朝日新聞出版　生活・文化編集部
「サバイバル」「対決」「タイムワープ」シリーズ　係

☆**愛読者カード**☆シリーズをもっとおもしろくするために、みんなの感想を送ってね。
毎月、抽選で10名のみんなに、サバイバル特製グッズをあげるよ。

☆**ファンクラブ通信への投稿**☆このハガキで、ファンクラブ通信のコーナーにも投稿できるよ！
たくさんのコーナーがあるから、いっぱい応募してね。

ファンクラブ通信は、公式サイトでも読めるよ！　サバイバルシリーズ　検索

お名前		ペンネーム	※本名でも可
ご住所	〒		
電話番号		シリーズを何冊もってる？	冊
メールアドレス			
学年	年	年齢　　才	性別
コーナー名	※ファンクラブ通信への投稿の場合		

※ご提供いただいた情報は、個人情報を含まない統計的な資料の作成等に使用いたします。その他の利用について詳しくは、当社ホームページ https://publications.asahi.com/company/privacy/ をご覧下さい。

コウモリの成長と越冬

コウモリはいろんな場所を移動しながら成長します。コウモリはどのように成長するのか、またどうやって冬を越すのか、一緒に見ていきましょう。

1．出産
お母さんコウモリは、逆さまにぶら下がったまま出産します。

2．成長
赤ちゃんコウモリはお母さんコウモリの乳を飲んで育ちます。

3．飛行練習
子どもはお母さんコウモリにぶら下がって移動し、徐々に飛ぶ練習を始めます。

4．独り立ち
子どもは、生まれて1カ月ほどで飛べるようになり、その後、独り立ちします。

コウモリの越冬

冬眠中のキクガシラコウモリ

コウモリの中には、冬眠する種もいます。日本にもいるキクガシラコウモリは、11月ごろから翌年の3月ごろまで、洞窟などで逆さまにぶら下がり、翼で体をおおって冬眠します。

名前探しゲーム

コウモリの自己紹介

クロアカコウモリ

私たちは体全体がオレンジ色を帯びていて、「黄金バット」とも呼ばれているよ。超音波を利用して昆虫を捕食し、冬には洞窟で冬眠するんだ。

キクガシラコウモリ

僕らは耳がとても大きくて、洞窟内にいる昆虫の音をよく聞くことができるんだ。鼻の穴の周りに薄いしわが多いよ。今は絶滅の危機に直面してるんだ。

ヤマコウモリ

私たちは日本に生息するコウモリの中で体が大きい部類だよ。背中の茶色の毛が自慢なんだ。大きな木の穴で、群れて暮らしてるよ。

コウモリたちが自己紹介しています。
名前と写真を正しくつないでみましょう。

アブラコウモリ
僕たちは体が小さいんだ。背中は茶色、腹には灰色の毛があるよ。主に、人が暮らす建物の周辺で暮らしているよ。

シロヘラコウモリ
私たちの体は白い毛でおおわれていて、鼻は黄色くてとがってるよ。大きな木の葉をテントのようにして、休んだりするんだ。

フィリピンオオコウモリ
私たちは世界で最大級のコウモリ。主に果物を食べて生きているんだ。迫力ある外見だけど、人に大きな害は及ぼさないから心配することないよ。

正解：151ページ

＊滑空：翼や飛膜を動かさずに、ゆっくり空中から地上に降りてくること。

コウモリの特徴をまとめてみましょう。

コウモリは鳥類？ それともほ乳類？

コウモリは赤ちゃんを産んで乳を飲ませるほ乳類です。ほ乳類の中で唯一飛ぶことができます。コウモリの翼は丈夫な飛膜でできていて、前足の指からしっぽまでつながっています。
コウモリはこの翼を利用して自由自在に飛び、飛んでいる昆虫などの獲物を捕らえます。

逆さまにぶら下がって生活するコウモリ

コウモリは足の筋肉が退化しています。そのため地面では、はうようにして移動します。コウモリは主に木や岩に逆さまにぶら下がって生活しますが、その際は後ろ足のつめを利用します。逆さまにぶら下がっているコウモリが、姿勢を変えることがありますが、それは大小便をするときです。

後ろ足のつめで岩や木にぶら下がります。

地面でははうようにして移動します。

ふだんは写真のようにぶら下がっていますが、大小便をするときは前足でぶら下がり、頭を上に向けます。

＊中南米：中央アメリカと南アメリカを一緒に指す言葉。

恐ろしいチスイコウモリを調べてみましょう。

＊チスイコウモリはほ乳類の中では珍しく血を吸う動物です。1000種を超えるコウモリの中で、たった3種だけが吸血コウモリで、その3種とも中南米に生息しています。

＊チスイコウモリ：図鑑などには、ナミチスイコウモリという名前でのっていることがあります。

チスイコウモリの特徴

- **体長と体重** 体長は75〜90mm、体重は25〜40ｇ。
- **吸血方法** ウマ、ウシ、人などの動物にくっつき、歯で肌をかみ切って血をなめます。
- **吸血量** 30分くらいの間に自分の体重の半分くらいの血を飲むといわれます。
- **すみか** 洞窟、木の穴の中などに、100〜数百匹の群れをつくって暮らしています。
- **仲間との関係** 血が飲めなくて飢えた仲間に血を分け与えることもあり、自分の子ではない幼いコウモリたちの面倒も見ます。

チスイコウモリの狩りの方法

幸い日本にはいないよ！

❶ チスイコウモリは超音波と嗅覚（におい）を使って、獲物の位置を把握します。

❷ 獲物を見つけたら、四つんばいになって近づきます。

❸ 慎重に獲物に飛び乗って吸血する場所を決めます。

❹ 牙で傷をつけ、唾液で獲物の感覚を麻痺させた後、血をなめます。

119

別荘の中のクロアカコウモリ

ウン博士のおじさんの別荘で、黄金バットとも呼ばれる「クロアカコウモリ」に出合いました。2つの絵を見比べて、違うところを10個見つけてみましょう！

正解：151ページ

野生コウモリの危険性

野生動物は、さまざまな寄生虫や細菌、ウイルスなどの病原体を体内に持っていることがあります。特に、コウモリは日の当たらない湿った洞窟にすんでいるので危険です。さらには、群れて生活するので、病原体が広がりやすいのです。コウモリに直接触れると、いろいろな病気に感染する可能性があるので、気をつけなければなりません。

洞窟で群れをなして生活するコウモリ

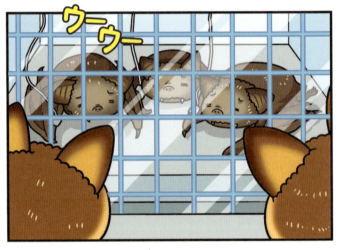

コウモリの生息地を守ろう！

冬眠するコウモリは、暖かいときは森で生活し、寒い冬が来ると洞窟や廃鉱などで冬眠します。特にクロアカコウモリは冬眠する期間が長く、温度と湿度の高い場所で眠らなければならないので、冬眠場所を見つけるのがたいへんです。冬眠する場所がなくなると、コウモリたちは生存が脅かされます。それを防ぐため、コウモリの生息地を保護し、廃鉱や洞窟の入り口を完全にふさがないなどの気づかいが必要です。

洞窟に設置されたコウモリの生息地保護施設

エッグ博士の絵日記

ウッソのメンバーたちと会った日

ウッソのみんなに招待されたハロウィーンパーティーに遊びに行った。僕たちが採集したカの観察もして、面白いクイズやゲームをしながら楽しい時間を過ごした。

ところが、思いもよらない吸血動物たちがパーティーのあちこちに出没したではないか！パーティーのテーマ通り「血のフェスティバル」になりそうで、僕たち3人は急いで家に逃げ帰った。

エッグ博士が書いた絵日記を見て、空っぽのふきだしに合うセリフを自由に書いてみましょう。

ヤン博士のカメラがおしっこ攻撃を受けた日

ホラー生物特集で取り上げるコウモリを撮影することにした日、運よく洞窟を見つけて入ってみた。果たしてここでコウモリと出合うことができるだろうか？

しかし、ここで大事にしていたカメラにおしっこ攻撃を受けてしまったヤン博士。数日間カメラを消毒し、カメラを拭くのに苦労した。

チーム・エッグの制作日記①

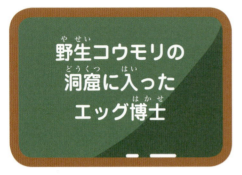

チーム・エッグの制作日記②

ウッソとコラボしたエッグ博士

クイズの答えを確認する番だよ。正解を確認してみてね。

50〜51ページ

74〜75ページ

98〜99ページ

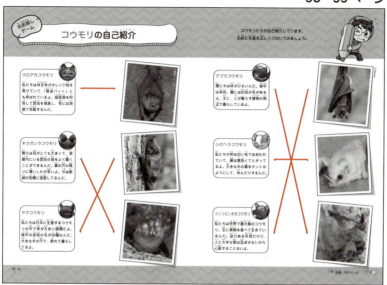

120〜121ページ

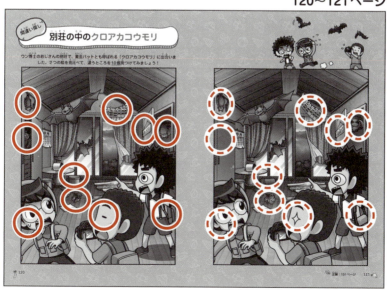

에그 박사 8

Text Copyright © 2022 by Mirae N Co., Ltd. (I-seum)
Illustrations Copyright © 2022 by Hong Jong-Hyun
Contents Copyright © 2022 by The Egg
Japanese translation Copyright © 2024 Asahi Shimbun Publications Inc.
All rights reserved.
Original Korean edition was published by Mirae N Co., Ltd.(I-seum)
Japanese translation rights was arranged with Mirae N Co., Ltd.(I-seum)
through VELDUP CO.,LTD.

ドクターエッグ10　コウモリ・ヒル・カ・ダニ

2024年10月30日　第1刷発行

著　者　文　パク・ソンイ／絵　洪鐘賢(ホンジョンヒョン)
発行者　片桐圭子
発行所　朝日新聞出版
　　　　〒104-8011
　　　　東京都中央区築地5-3-2
　　　　編集　生活・文化編集部
　　　　電話　03-5541-8833（編集）
　　　　　　　03-5540-7793（販売）

印刷所　株式会社リーブルテック
ISBN978-4-02-332346-9
定価はカバーに表示してあります

落丁・乱丁の場合は弊社業務部(03-5540-7800)へ
ご連絡ください。送料弊社負担にてお取り替えいたします。

Translation：Han Heungcheol / Kim Haekyong
Japanese Edition Producer：Satoshi Ikeda
Special Thanks：Kim Suzy / Lee Ah-Ram
　　　　　　　　（Mirae N Co.,Ltd.）